dans la nature の焼き菓子レッスン

職人親授，簡單烘焙！

東京超人氣
點心工房
「dans la nature」
獨家食譜美味公開

著 … 千葉奈津絵　　林軒帆 … 譯

前言

還記得自己第一次做的點心是餅乾。
把買來的點心食譜反覆地讀了好幾遍後，首次嘗試挑戰了鳥型的壓模餅乾。
當時雖然把餅乾做得太厚、口感稍硬，但色澤就如食譜中的照片那樣好看，餅乾的甜味滑順地在口中溶化，
原本沒有把握的我，頓時信心大增。那時的情景至今依舊難以忘懷。

懂事以來，我就很喜歡跟著母親與姊姊一起待在廚房裡做點心。
黏在手上的麵糊、香草精的香氣、沾滿麵粉的圍裙，
我總是滿心期待著出爐那一刻，盡情地嗅著瀰漫在廚房裡的香氣，
隨著情緒的高漲，寸步不離烤箱的我，徹底地被那烘焙香味所俘虜。

家庭烘焙最大的魅力在於，單單使用最基本的材料，卻能做出市售品難以取代的樸實好味道。
能夠以親手做的味道帶給家人歡樂，也是相當令人雀躍的一件事，
這樣的心情至今我仍希望恆久不變地持續下去。
我的店名以「自然、忠於原味」之意來命名時，蘊含了「把nature注入點心，
讓人享用到有如兒時在家做的點心般，不加修飾的樸實風味。」這樣的想法在裡頭。

十歲時令我樂此不疲、最拿手的模型餅乾，在不知不覺中成為我的基礎，
而今天，我所創作的各種點心因而有了全新的面貌。
藉由這本食譜，我想將這樣的「dans la nature」點心分享給大家。
不管是製作前將食材準備好的時候，還是點心出爐的那一瞬間，
或者讓對方品嚐手作點心的那個場合與當下，總是令人既興奮又期待。
能夠常常讓人品嚐自己親手做的點心，是相當開心的一件事。

dans la nature（ダン・ラ・ナチュール）　千葉奈津絵

目次

餅乾 Cookies

奶油蛋糕 Butter cakes

起司蛋糕與巧克力蛋糕 *Cheesecakes & Chocolate cakes*

酥塔與布丁 *Tarts & Puddings*

附錄 *Column*

【關於本書的使用】
· 一大匙為15ml、一小匙為5ml。
· 採用大顆雞蛋（蛋黃20g＋蛋白40g）。
· 書中所標示的溫度及烘烤時間，為電子烤箱之設定。
　烘烤前請將烤箱先行預熱。依據烤箱的機種等差異，
　所需要的烘焙時間可能會不同。
　本食譜所建議的時間為參考值，請依據實際狀態調整烘烤時間。
· 烘烤餅乾時，本食譜雖未在烤盤上鋪設烤盤紙，
　如有需要也可加上此步驟。

Cookies

壓模餅乾

01 奶油餅乾

入口的一瞬間,奶油就唰～地溶解而出,
砂糖、雞蛋以及麵粉的風味,和諧地在口中融合。
如此輕薄、外表毫不起眼的一片小餅乾裡,
令人驚豔的美味就蘊藏在其中。

製作方法>第26頁

02 芝麻沙布雷

揉入大量芝麻的這款餅乾，飄散著讓人心情放鬆的芝麻香氣，
隨時都想做起來存放在手邊，
這款餅乾儼然已成為我生活中不可或缺的味道。
即使是這種基本款的小點心，也可以是下午茶時間的至高美味。

製作方法>第70頁

壓模餅乾

03 全麥餅乾

想要充分品嚐全麥粉風味時，
我會盡可能使用含鹽奶油來製作餅乾。
這是因為含鹽奶油的少許鹽分，
可以提升全麥粉中麩皮的樸實風味，
這樣的效果相當顯著。
烘焙點心本身就是化學，
蘊藏許多超乎想像的不可思議。
製作方法>第70頁

04 可可薑汁餅乾

可可粉只要遇上了辛香料,立刻會轉變為成熟的大人風味。
單單從外觀無法察覺到的薑汁,入口時卻散發著強烈的香氣,
這種難以言喻的魅力,總會令人驚訝萬分呢!

製作方法>第71頁

05 腰果餅乾

小時候，那種會裝滿各式各樣餅乾的罐子只要出現在我們家，
罐子裡的空間總是被這種腰果小餅乾所獨佔。
腰果香醇圓潤的風味，餅乾酥脆卻易融於口的食感，
兩塊、三塊……令人欲罷不能地想再伸手拿一塊！

製作方法>第28頁

06 燕麥餅乾

豐富多層次的口感為這款餅乾增添了好滋味。酥酥的，沙沙的，在口中咔滋咔滋作響。
想像自己吃著餅乾的樣子，一邊製作了這款餅乾，一不小心就把它做得這麼大。

製作方法>第71頁

水滴餅乾

07 帕瑪森乳酪餅

這是有一天，
我忽然覺得肚子餓時的解飢小零嘴。
當時特別想吃有飽足感的東西，
於是靈光一現，
將帕瑪森乳酪的獨特香氣封入這款小餅乾裡。
這款麵團較為濕潤，
乳酪與辛香料在烘烤過後會更加濃郁。

製作方法>第72頁

08 肉桂餅乾棒（上）

風味強烈且濃郁的辛香料，有時我會把它們變成調味主角。
往往在主要食材旁，毫不顯眼地擔任著配角的辛香料，
這回難得晉升成為主角。
肉桂與黑胡椒完美的平衡風味，餘韻無窮地在舌尖纏繞。

製作方法＞第29頁

09 煉乳餅乾棒（下）

樸質簡單的味道中，嚐得到煉乳淡淡的甜味，
奶油的鹽分提引出煉乳中砂糖與牛奶的風味。
咔滋咔滋，一口接著一口，誘人香氣讓人難以抗拒。

製作方法＞第72頁

餅乾球

10 杏仁粗粒餅乾球

無論是堅果的風味或是有層次的口感，都是餅乾不可或缺的魅力。
質地脆硬，混合著杏仁粗碎粒的這款餅乾，
能夠讓人充分品嚐餅乾美味，愈嚼愈上癮。

製作方法>第73頁

冰箱餅乾

11 印度香料奶茶餅乾

旅行時的回憶，是我做點心的重要靈感來源。空氣裡飄散著柔柔香氣，宛若東洋國度裡街景繁雜的街道。
如果能用餅乾來表現出記憶裡熱鬧而吵雜的喧鬧聲，我想大概會是這樣的味道吧！
藉由各種辛香料的調和，彷彿又重溫了旅行的記憶。

製作方法>第30頁

冰箱餅乾

12 黑糖蜜沙布雷

想要做出不同以往的餅乾時,我就會使用糖蜜或是糖漿來製作。
論口感,其脆硬的嚼勁是使用黃砂糖粉做不到的;
論風味,唯有黑糖蜜才能蘊含如此令人懷念的滋味。
運用杏仁片則能讓餅乾質地變得更輕盈爽脆。

製作方法>第73頁

冰箱餅乾

13 抹茶大理石沙布雷

製作這款餅乾的樂趣在於,每片餅乾花紋都是獨一無二的。
將美麗的切面排列開來欣賞,兒時對五彩彈珠及玻璃扁珠 *
凝視得入迷的景象,彷彿又一次出現在我眼前。

製作方法>第74頁

＊譯註…玻璃扁珠(おはじき)為一種外觀、玩法皆類似玻璃彈珠
　　　的日本傳統童玩。外形圓而扁平,如玻璃彈珠般透明,內
　　　有彩色不規則的花紋。

14 香草餅乾

擁有優雅曲線的外形,是擠花餅乾所特有的魅力。
用開心果裝飾後的一抹綠,也令人心動不已。
這種不知在哪嚐過、讓人熟悉的味道,
原來是香草與牛奶融合後的香氣。

製作方法>第31頁

擠花餅乾

15 巧克力夾心餅乾

外表看起來圓圓胖胖相當可愛，味道卻表裏不一。
原本帶著苦味的可可餅乾，
藉由白巧克力柔化了餅乾中的苦味，
這是一款苦中帶甜，圓滾滾的小餅乾。
製作方法>第74頁

16 三種義式脆餅（杏仁／咖啡／開心果）＊右頁由上至下

平時製作點心前，我總會一邊思考所搭配的飲料，一邊著手準備。

不過，唯有義式脆餅不需要做這類的考量。

如果是義式脆餅的話，不用猶豫，泡咖啡就對了。

每次喝咖啡時，想配著吃的總是義式脆餅。

製作方法>杏仁⋯第32頁／咖啡、開心果⋯第75頁

奶油餅乾的製作方法

◆ 材料（直徑5cm的菊型模／約40片份）

　低筋麵粉…230g

　無鹽奶油…80g

　含鹽奶油…80g

　黃砂糖粉＊…100g

　蛋黃…1個

　杏仁粉…20g

　手粉（高筋麵粉）…適量

＊譯註…黃砂糖粉（きび砂糖）為含蜜蔗糖
　的一種，色黃呈粗粉狀，顏色與二
　砂糖相近，質地接近黑糖粉，風味
　介於二砂糖與黑糖之間。

◆ 事前準備

• 奶油及蛋黃退冰至常溫。

• 低筋麵粉過篩。

1 將室溫軟化的奶油及黃砂糖粉放入調理盆中，用橡
　皮刮刀充分攪拌均勻。換上打蛋器攪拌，直到砂糖
　顆粒完全溶化為止。

　＊當奶油中感覺不到砂糖沙沙的感覺即可。

2 加入蛋黃，用打蛋器以畫圈的方式攪拌，加入杏仁
　粉，攪拌至完全均勻為止。

3 低筋麵粉一次全部加入，以橡膠刮刀由盆底向上剷

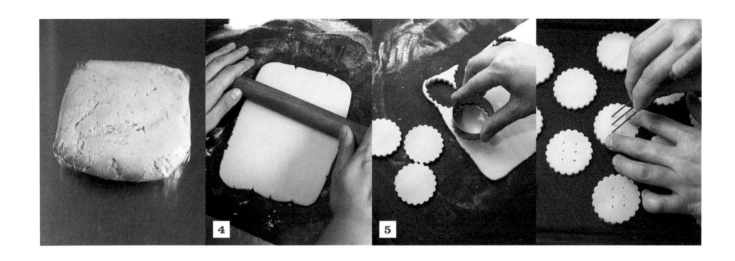

起般的方式，粗略地拌合麵團。使用刮板將附著在調理盆周圍的麵團刮下來，整合成一個麵團後用保鮮膜包起來，放在冰箱冷藏靜置一夜。

＊過程中必須使麵團內外都冷卻至硬度一致，以利稍後的擀麵作業，做出外觀平整漂亮的餅乾。

4 以刮板將麵團切成3等分，在工作台面撒上手粉後，用手將麵團揉捏至整體都呈容易塑型的硬度。以擀麵棍將三塊麵團各別擀成厚度5～6mm（大小約20×15cm），放在烤盤紙上後，放入冷凍庫冷卻10分鐘。

5 烤箱預熱至170℃。確定麵團冰硬了之後，以餅乾模型壓出餅乾外型，保留間距地排列在烤盤上，用叉子在餅乾中間戳刺排氣孔（剩餘的麵團再收集捏合成一團，以相同方式擀平、壓模）。以170℃烘烤12～15分鐘，輕壓表面無留下凹痕即可出爐（請小心避免燙傷）。將烤好的餅乾放在網架上冷卻即可。

＊使用模型壓出餅乾外型時，如果無法一次俐落切斷的話，請再次放回冷凍庫冷卻至麵團變硬。
＊利用剩餘麵團再做的餅乾，相較於一開始做的餅乾，口感會稍硬一些。
＊完成的餅乾要與乾燥劑一併放入密閉容器裡，常溫保存。

腰果餅乾的製作方法

◆ 材料（直徑4 cm 的餅乾／30片份）

低筋麵粉 … 110 g　　　蛋 … 1/3個（20 g）

無鹽奶油 … 40 g　　　腰果 … 55 g（麵團用）、

含鹽奶油 … 40 g　　　　　　 30粒（表面裝飾用）

黃砂糖粉 … 60 g

◆ 事前準備

• 麵團用的腰果，以烤箱溫度160℃烘烤約5分鐘至表面微微上色，冷卻後切成5mm大小的碎粒。

• 奶油及蛋退冰至常溫。

• 低筋麵粉過篩。

• 烤箱預熱至170℃。

1 將室溫軟化的奶油及黃砂糖粉放入調理盆中，用橡皮刮刀充分攪拌均勻。換上打蛋器攪拌，直到砂糖顆粒完全溶化後加入蛋，攪拌至蛋液融入奶油為止。

2 加入低筋麵粉，以橡膠刮刀由盆底向上剷起般的方式，粗略地拌合麵團。大致均勻但還帶有一點乾粉時，加入切碎的腰果顆粒，粗略地拌入麵團中。

3 以湯匙挖取一口大小的麵團，用橡膠刮刀將麵團撥入烤盤中，麵團之間要保留間距，再將完整的腰果粒放在每個麵團上方，輕輕壓一下固定。以烤箱溫度170℃烘烤12分鐘後，再降溫至160℃烘烤5分鐘。輕壓表面無留下凹痕即可出爐（注意避免燙傷）。

餅乾棒 肉桂餅乾棒的製作方法

08

◆ 材料（長15cm／約40根份）

低筋麵粉 … 160g

肉桂粉 … 1大匙

泡打粉 … 1/2小匙

粗粒黑胡椒粉 … 少許

黃砂糖粉 … 50g

含鹽奶油 … 50g

牛奶 … 3大匙

手粉（高筋麵粉）… 適量

◆ 事前準備

• 奶油切成1cm大小的塊狀，
放入冰箱冷藏備用。

1 將粉類材料及黃砂糖粉放入盆內，徒手以畫圈的方式攪拌均勻。接著將冰冷的奶油丁放入盆中，用手指一邊將奶油塊捏碎，一邊把乾粉搓入奶油中。

2 將奶油塊及乾粉搓成砂狀後加入牛奶，以橡皮刮刀粗略地拌合，整合成一個麵團。用保鮮膜將麵團包起來，放入冰箱冷藏室靜置一夜。

3 烤箱預熱至170℃。將手粉均勻地撒在麵團表面及工作台上預防沾黏。用刮板將麵團均分成每塊8g的大小後，以雙手搓成每條15cm長的棒狀。將整型完成的棒狀麵團，保留間距地排列在烤盤上，以170℃烘烤至麵團上色，約15～20分鐘。

冰箱餅乾 印度香料奶茶餅乾的製作方法

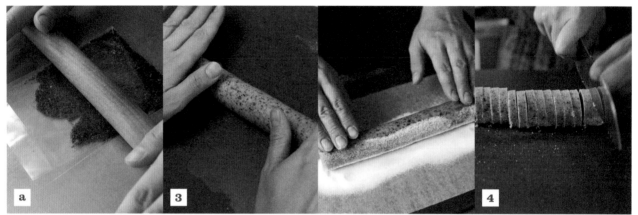

◆ 材料（直徑4cm的餅乾／50片份）

低筋麵粉 … 180g	蛋 … 1/2個（30g）
肉桂粉 … 1/4小匙	杏仁粉 … 45g
小豆蔻粉 … 少許	紅茶葉（阿薩姆）… 15g
丁香粉 … 少許	手粉（高筋麵粉）、

無鹽奶油 … 100g 　　　 細白砂糖 … 各適量

黃砂糖粉 … 55g

◆ 事前準備

- 奶油及蛋退冰至常溫。
- 紅茶葉放入夾鍊袋中，以擀麵棍反覆擀的方式，將茶葉碾成粉末狀（a）。
- 低筋麵粉及香料粉事先混合好一起過篩。

1 將室溫軟化的奶油及黃砂糖粉放入調理盆中，用橡皮刮刀充分攪拌均勻。換上打蛋器攪拌，依序加入蛋、杏仁粉，各別攪拌均勻。

2 加入篩好的粉類以及紅茶粉，以橡皮刮刀由盆底向上剷起般的方式，粗略地拌合，整合成一個麵團。用保鮮膜將麵團包起來，放入冰箱冷藏室靜置一夜。

3 以刮板將麵團切成2等分，在工作台面撒上手粉後，用手將麵團各別搓成直徑3.5cm×長20cm的棒狀，在表面均勻地沾上細白砂糖後，用保鮮膜包起來，放入冷凍庫靜置至少1小時。

4 烤箱預熱至170℃。以刀子將麵團切成每片厚度8mm，保持間距地排列在烤盤上，以烤箱溫度170℃烘烤12～15分鐘。輕壓表面無留下凹痕即可出爐（注意避免燙傷）。

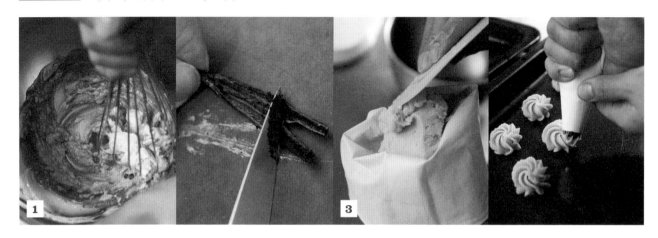

◆ 材料（直徑3 cm／25～27片份）
低筋麵粉 … 100g
無鹽奶油 … 70g
　黃砂糖粉 … 35g
　牛奶 … 1大匙
香草莢 … 1/4枝
開心果 … 25～27顆

◆ 事前準備
• 奶油退冰至常溫。
• 將牛奶加入黃砂糖粉中，使砂糖溶解。
• 低筋麵粉過篩。
• 烤箱預熱至170℃。

1 將室溫軟化的奶油及事前準備的黃砂糖粉＋牛奶混合液放入調理盆中，用打蛋器充分攪拌均勻。香草莢縱剖開來，用刀子刮出香草籽後加入，以畫圓的方式攪拌均勻。

2 加入低筋麵粉，以橡皮刮刀由盆底向上剷起般的方式，粗略地拌合。

3 將直徑1.5cm的星形花嘴放入擠花袋中，在烤盤上保持間距地擠出直徑2.5cm的麵團，完成後在每個麵團中央輕輕壓入一顆開心果裝飾。以烤箱溫度170℃烘烤12分鐘後，將爐溫調降為160℃再烤5～7分鐘。當餅乾表面出現微微焦色時，輕輕按壓開心果，如果沒有凹陷，就可以出爐了（注意避免燙傷）。

14

杏仁義式脆餅的製作方法

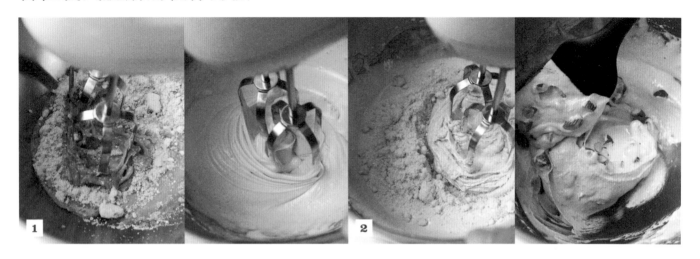

◆ 材料（長10～11cm 的餅乾／10片份）
| 低筋麵粉 … 80g
| 泡打粉 … 3/4小匙
黃砂糖粉 … 80g
蛋 … 1個
杏仁粉 … 50g
　　　　杏仁（整粒）… 50g

◆ 事前準備
• 杏仁以烤箱溫度150℃烘烤10分鐘後，切成1cm的粗粒。
• 低筋麵粉及泡打粉混合後一起過篩。
• 在烤盤上鋪烤盤紙。
• 烤箱預熱至170℃。

1 將蛋打入調理盆中，用手持式電動攪拌機以低速打散後，放入黃砂糖粉攪拌至砂糖完全溶解。將攪拌機切換成高速攪拌，直到蛋液的顏色變白飽含空氣，並出現紋路為止（圖1右）。再切換為中速攪拌以

16

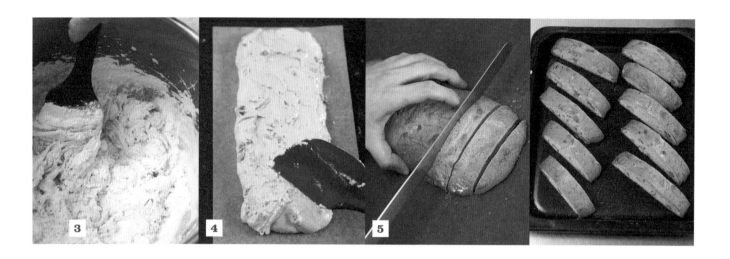

消除較大的氣泡，最後切換為低速攪拌使質地更均勻。

2 加入杏仁粉後，以攪拌機低速攪拌，加入事前切好的杏仁粗粒，使用橡膠刮刀粗略地拌合。

3 加入粉類材料，以橡皮刮刀由盆底向上剷起般的方式，快速而粗略地拌合。

4 將拌好的麵糊倒在烤盤紙上，用橡皮刮刀將麵團整成20×9cm的半圓筒形，以烤箱溫度170℃烤20分鐘。輕輕按壓表面，如果沒有凹陷的話，就可以出爐了（注意避免燙傷），靜置冷卻至不燙手。

5 將烤箱預熱至150℃。用刀子將麵團切成每片2cm的厚度，直立排列在烤盤上（可不鋪烤盤紙），以150℃再次烘烤約20分鐘。輕壓橫切面處，硬硬的就是烤好了（注意避免燙傷）。

＊使用手持式電動攪拌機打發雞蛋時，若能以高速→中速→低速這樣循序漸進的方式來攪拌，打發的蛋液較不容易消泡，能夠成為比較穩定的麵糊。

Butter cakes

17 檸檬蛋糕

檸檬口味的點心總是很優雅。
入口時清新而高雅的酸甜味，
咻～地一瞬間，讓我不自覺就挺起腰桿來。
溼潤而光滑的麵糊，
餘韻無窮的酸味讓人沉溺其中。

製作方法>第44頁

18
焦糖香蕉磅蛋糕

毫不修飾、率性地保留原始風貌，是這款蛋糕最理想的呈現方式。
比起華麗的表面裝飾，我認為蛋糕烤好時樸實的樣貌，
更能讓人感受到單純的力與美。
強烈的焦糖風味以及香蕉的滋味，
將原汁原味，一起裝進蛋糕裡。

製作方法>第46頁

19
生薑蜂蜜磅蛋糕

用蜂蜜煮過的蜜糖生薑，
是除去水分後才有的濃縮風味。
蛋糕底部的粗糖顆粒，
增添了咀嚼時咔滋咔滋的口感，
這是只要嚐過一次就無法忘記的味道。

製作方法>第76頁

20
南瓜磅蛋糕

雖然蔬菜口味的點心並不常見，南瓜卻是個例外。
南瓜具有一般蔬菜所沒有的顏色與甜味，
只要好好活用，就可以變化出各式各樣的點心。
這款加了少許蘭姆酒的奶油磅蛋糕，
讓肚子餓扁了的你能吃得很滿足，
也是對身體很好的點心。

製作方法>第76頁

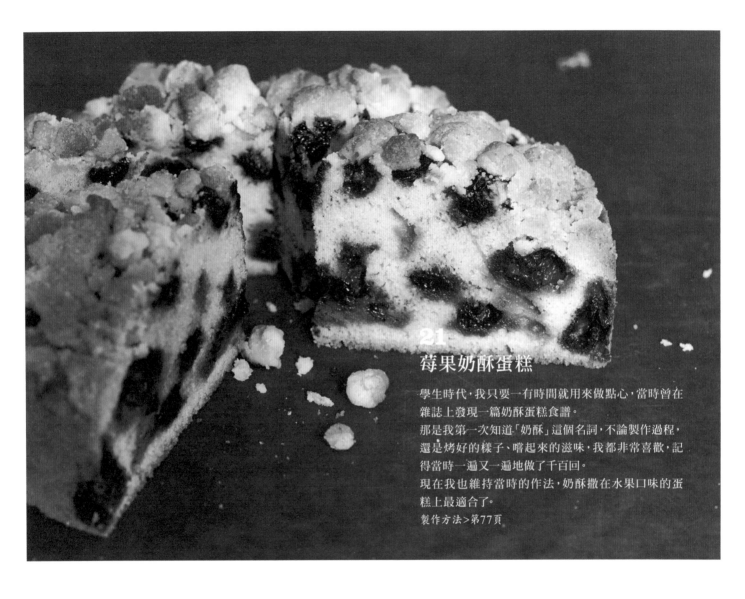

21
莓果奶酥蛋糕

學生時代，我只要一有時間就用來做點心，當時曾在
雜誌上發現一篇奶酥蛋糕食譜。
那是我第一次知道「奶酥」這個名詞，不論製作過程，
還是烤好的樣子、嚐起來的滋味，我都非常喜歡，記
得當時一遍又一遍地做了千百回。
現在我也維持當時的作法，奶酥撒在水果口味的蛋
糕上最適合了。
製作方法>第77頁

22 罌粟籽蛋糕

二十歲時，我迷上了逛麵包店。
第一次與一款滿是罌粟籽的德式甜麵包相遇時，深感震撼。
在這之前的我，只知道那是常撒在紅豆麵包上裝飾的東西。
宛如咀嚼著氣泡，霹靂啪啦的奇特口感，
以及獨特的柔柔香氣，在在令我感到驚奇。
而現在，我總是很理所當然地使用著，
罌粟籽已成了我最愛的食材之一。

製作方法>第78頁

23
杏桃酸奶油蛋糕

參雜在麵糊與麵糊間的酸奶油,
即使烤好也能保持原本的形狀。
那黏糊糊、混合著奶香的酸味,
緊隨而來的是杏桃的酸甜滋味。
複雜而有層次的味道是這款蛋糕的趣味所在。
製作方法>第79頁

24
核桃蛋糕

我曾想過，不知是否能將核桃的油脂應用在點心裡，
雖然市面上，並不是沒有那種表面布滿大顆粒核桃的點心，
但我想製作出，一入口的瞬間就能明顯感覺到核桃香的點心。
我一邊如此思考著，一邊將核桃切成細碎顆粒，
混入麵糊後，竟醞釀出一股宛若和菓子般沉靜的風味，
嚐得到濃濃核桃香的蛋糕，於是誕生了。
製作方法>第80頁

檸檬蛋糕的製作方法

◆ 材料（21×8×6 cm 的磅蛋糕模型／1個份）
　低筋麵粉 … 120 g
　無鹽奶油 … 110 g
　黃砂糖粉 … 120 g
　蛋 … 2個
　杏仁粉 … 25 g
　檸檬汁 … 2大匙

◆ 事前準備
• 蛋退冰至常溫。
• 奶油隔水加熱至完全融化，加入檸檬汁拌勻（a）。
• 低筋麵粉過篩。
• 在模型內塗上薄薄的一層奶油（另外準備），鋪設烤盤紙。
• 烤箱預熱至170℃。

1 在調理盆中放入蛋，以手持式電動攪拌機低速打散，加入黃砂糖粉攪拌至完全溶解。以隔水加熱（底盆

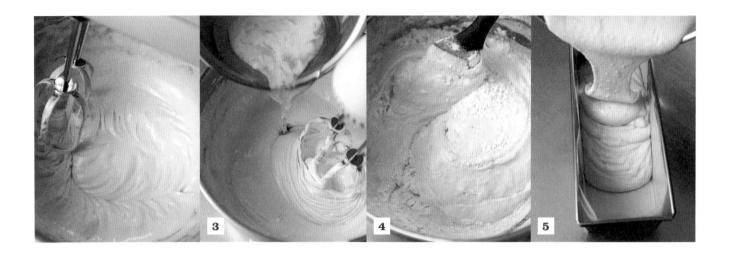

裝入約60℃熱水）的方式，切換成高速打發蛋液。

2 當蛋液加熱至接近體溫（將手指放入測試能感覺到微溫）時，從隔水加熱用的外鍋上移開，持續打發至麵糊產生明顯紋路為止（圖2中）。切換成中速攪拌，趕出麵糊中的大氣泡，最後切換成低速攪拌使麵糊質地均勻（圖2右）。

＊麵糊出現光澤，柔軟滑順即可。

3 依序加入杏仁粉、融化奶油＋檸檬汁後，各別以手持式電動攪拌機低速攪拌均勻。

4 加入低筋麵粉後，以橡皮刮刀由盆底向上剷起般的方式，快速而粗略地拌合，直到看不見粉末為止。

5 麵糊倒入模具中，將模具提高約2～3cm高，在台面上輕摔數次以趕出麵糊中的空氣。以烤箱溫度170℃烘烤20分鐘後，將溫度調降為160℃再烤15分鐘左右。出爐前用竹籤在蛋糕的正中央戳刺，沒有任何麵糊殘留在竹籤上就烤好了。烤好的蛋糕稍微冷卻至不燙手時，再從模具中取出冷卻。

＊宜常溫保存，從烤好的隔天～2天內，為蛋糕的最佳賞味期。

焦糖香蕉磅蛋糕的製作方法

◆ 材料（21×8×6cm 的磅蛋糕模型／1個份）
低筋麵粉 … 165g
泡打粉 … 1½小匙
無鹽奶油 … 110g
黃砂糖粉 … 60g
蛋 … 1½個
香蕉（去皮）… 140g（1½大條）

【 焦糖奶油醬 】
細白砂糖 … 45g
水 … 1小匙
鮮奶油 … 35ml

◆ 事前準備
• 奶油及蛋退冰至常溫。
• 低筋麵粉及泡打粉混合後一起過篩。
• 在模具內塗上薄薄的奶油（另外準備）後，鋪上烤盤紙。

1 製作焦糖奶油醬。將細白砂糖與水放入小鍋子裡，以中火加熱（偶爾輕輕搖晃鍋子，以避免糖漿局部燒焦），當糖漿完全變黃後改用小火加熱，直到糖漿顏色變成深茶色再移開火源。

2 將溫熱至即將沸騰的鮮奶油一點一點倒入焦糖漿中（請注意液體可能會四處飛濺），用湯匙攪拌均勻

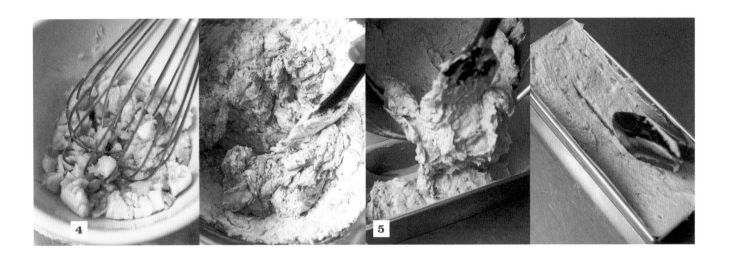

後，倒入容器中使焦糖奶油醬完全冷卻。烤箱預熱至170℃。

＊也可以將焦糖奶油醬放入冰箱冷藏室冷卻。

3 在調理盆中放入軟化的奶油、黃砂糖粉以及冷卻後的步驟**2**，用橡皮刮刀攪拌使融合成均勻的膏狀。換上打蛋器，攪拌至顏色發白且質地輕盈後，將打散的蛋液分三次加入，每次各別攪拌均勻。

4 另一個調理盆中放入去皮的香蕉，一邊轉動調理盆，一邊使用打蛋器將香蕉粗略壓碎，保留部分果肉。加入步驟**3**，用橡皮刮刀大致拌合後加入粉類材料，採用由盆底向上剷起般的方式，快速拌合麵糊，直到看不見乾粉為止。

5 將麵糊倒入模具中，用橡皮刮刀將麵糊整理成正中央下凹狀，兩端（模型的短邊端）微微高起，由縱向劃入一條線。以烤箱溫度170℃烘烤20分鐘後，溫度調降為160℃，再烤25分鐘左右。出爐前用竹籤在蛋糕的正中央戳刺，沒有任何麵糊殘留在竹籤上就烤好了。烤好的蛋糕稍微冷卻至不燙手時，再從模具中取出冷卻。

＊宜冷藏保存。食用前退冰至常溫。
　烤好的隔天～2天內，為蛋糕的最佳賞味期

Cheesecakes & Chocolate cakes

25 重乳酪蛋糕

在這個世界上，究竟有多少起司蛋糕食譜呢？
成分明明都差不多，不可思議地，卻能變化出各自的特質。
這是一款強調濃郁起司香與酸味，如碳酸汽泡般漸漸溶化在口中的起司蛋糕，
若是能夠永遠受到人們喜愛的話，那就太好了。

製作方法 > 第56頁

26
黑糖牛奶起司蛋糕

我想做出一款就像各種起司般，具有獨特風格的起司蛋糕。
若隱若現、不假修飾的黑糖風味，以及煙薰般的烤色，
大量使用的牛奶，令味道更為溫潤圓滑。
就像在某些國家，特定的起司適合搭配特定的葡萄酒那樣的起司蛋糕。

製作方法>第80頁

27
舒芙蕾起司蛋糕

在烤箱中漲得又高又軟的舒芙蕾，
一烤好就能熱呼呼地品嚐，只有手作才能如此享受。
轉眼間隨即冷卻萎縮的舒芙蕾，
正因為稍縱即逝，美味更是難以言喻。
製作方法 > 第81頁

28
加州梅辛香生乳酪蛋糕

這是款很適合在飯後來一些的甜點。
餐桌上還殘留著喧鬧後的餘韻，
一邊惋惜著淨空的餐桌，
一邊小口小口地，品嚐這帶有辛香風味的小甜點。

製作方法>第82頁

29
楓糖生乳酪酥塔

生乳酪中散發著楓糖淡淡的芬芳，
底部的塔殼既酥又具香氣。
最棒的是，能夠一次大快朵頤這兩種滋味。
請務必要在做好的當天享用哦！

製作方法>第82頁

53

30
重巧克力蛋糕

看起來非常厚重的重巧克力蛋糕，
沉甸甸的樣子，是完全不使用麵粉，
並且大量使用巧克力製作的緣故。
溼潤而綿滑的獨特口感，
請細細地品嚐，慢慢地享用。

製作方法>第58頁

31
蘭姆葡萄布朗尼

烤好時散發的濃濃酒香，來自於漬透的蘭姆葡萄乾。
稍加放置後，整個蛋糕體都會透出這樣的蘭姆酒香。
隨著時間經過，布朗尼的風味也不斷地在變化。
冰冰的吃還是常溫吃，都能享受到不同的滋味。

製作方法＞第83頁

重乳酪蛋糕的製作方法

◆ 材料（直徑15cm 的圓形模／1個份）

| 奶油起司（cream cheese）… 250g
| 卡特基起司（cottage cheese，直接過濾型）＊… 50g
| 無鹽奶油 … 30g
黃砂糖粉 … 65g
蛋 … 2個
蛋黃 … 1個
低筋麵粉 … 15g
鮮奶油 … 50ml
牛奶 … 50ml
檸檬汁 … 2小匙

◆ 事前準備

• 奶油起司、卡特基起司、奶油、蛋以及蛋黃退冰至常溫。

• 低筋麵粉過篩。

• 模具中塗上薄薄的一層奶油（另外準備）後，鋪上烤盤紙。

＊譯註…卡特基乳酪為牛乳透過酸而凝固，最後過濾掉乳清後製作完成。在日本，根據最後過濾的手法不同而有不同的卡特基乳酪型態：1.直接過濾型。將乳酪及乳清透過紗布過濾而不擠壓，成品帶有些許的水分及顆粒乳酪。2.質地柔滑型。過濾後的乳酪經過機器攪打成均質霜狀，可以用來塗抹蛋糕麵包。3.顆粒型。透過紗布將乳清濾除後又加以擠壓去除多餘的水分，成品最乾。

1 在調理盆中放入軟化的奶油起司、卡特基起司、奶油，並放入黃砂糖粉，用橡皮刮刀徹底混合至沒有凝塊後，換上打蛋器，攪拌至質地滑順為止。

2 將蛋＋蛋黃打散後，分成三次加入，每次都用打蛋器攪拌均勻。加入低筋麵粉，以畫圈的方式攪拌。

3 依序加入鮮奶油、牛奶、檸檬汁，每次各別用打蛋器拌勻。蓋上保鮮膜，靜置於常溫環境30分鐘。

　＊夏天可調整為靜置冰箱冷藏20分鐘＋室溫10分鐘。

4 烤箱預熱至180℃。將麵糊倒入模具中，以烤箱溫度180℃烘烤20分鐘後，溫度調降為160℃再烤15分鐘，出爐前用竹籤在蛋糕正中央戳刺，沒有任何麵糊殘留在竹籤上就烤好了。烤好的蛋糕稍微冷卻至不燙手時，從模具中取出，移到冰箱冷藏一夜。

　＊在冰箱冷藏一夜後，隔天更好吃。

本書的奶油起司，我使用了質地濃厚、起司香氣濃郁的「Philadelphia」，以及口感柔滑圓潤的「kiri」兩種品牌。「重乳酪蛋糕」及「舒芙蕾起司蛋糕」(51頁)用的是「Philadelphia」，其他則是使用「kiri」。

重巧克力蛋糕的製作方法

30

◆ 材料（直徑15cm的圓形模／1個份）

烘焙專用巧克力⋯180g

無鹽奶油⋯100g

可可粉⋯60g

黃砂糖粉⋯75g

蛋⋯3個

◆ 事前準備

• 蛋退冰至常溫。

• 巧克力切碎備用。

• 模具中塗上薄薄的一層奶油（另外準備）後，鋪上烤盤紙。

• 烤箱預熱至170℃。

1 將巧克力、奶油及可可粉放入調理盆中隔水加熱（底盆裝入約60℃的熱水），用橡皮刮刀攪拌，使其融化。

2 在另一個調理盆中放入蛋，以手持式電動攪拌機的低速將蛋打散，加入黃砂糖粉攪拌至砂糖完全溶解

4

5

後，一邊將蛋液隔水加熱，一邊將手持式電動攪拌機切換為高速打發。

3 當蛋液加熱至接近體溫（將手指放入測試，能感覺到微溫）時，從隔水加熱用的外鍋上移開，持續打發至麵糊產生明顯紋路為止（58頁右上圖）。切換成中速攪拌，趕出麵糊中的大氣泡，最後切換成低速攪拌，使麵糊質地均勻（左上圖）。

＊麵糊出現光澤，柔軟滑順即可。

4 在步驟**3**中一次加入步驟**1**的巧克力奶油，以橡皮刮刀由盆底向上剷起般的方式，快速地拌合。

＊攪拌至麵糊呈均勻的巧克力色即可。

5 將麵糊倒入模具中，以烤箱溫度170℃烘烤20分鐘後，調降為160℃再烤15分鐘。出爐前用竹籤在蛋糕的正中央戳刺，沒有任何麵糊殘留在竹籤上就烤好了。烤好的蛋糕稍微冷卻至不燙手時，從模具中取出冷卻。

＊打發雞蛋時，以手持式電動攪拌機的高速→中速→低速，這樣循序漸進的方式來攪拌的話，入烤箱烘烤時不僅膨脹性較佳，火力也較能均勻地透入麵糊中。

＊麵糊在冷藏室靜置半天～隔夜後，蛋糕會更好吃。

這裡使用的烘焙巧克力為可可比例佔55%的「CACAO BARRY Excellence調溫鈕扣巧克力」。鈕扣型易融且風味佳，能夠烤出美味的點心

Tarts & Puddings

32 香草風味香蕉塔

一年當中，隨時都可以輕易買到的香蕉，
想不到做成了酥塔後，立刻搖身一變成為華麗的甜點。
火候控制得宜，剛剛好的烤色，
黏呼呼的香蕉與甜甜的香草風味，
這道甜點讓人倍感奢華。

製作方法>第66頁

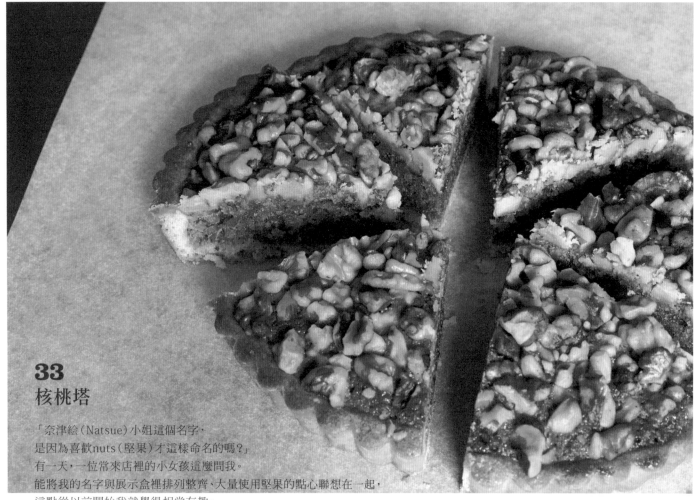

33
核桃塔

「奈津繪(Natsue)小姐這個名字，
是因為喜歡nuts(堅果)才這樣命名的嗎?」
有一天，一位常來店裡的小女孩這麼問我。
能將我的名字與展示盒裡排列整齊、大量使用堅果的點心聯想在一起，
這點從以前開始我就覺得相當有趣。
「有可能就是因為名叫奈津繪，所以變得很喜歡堅果吧!」
聽我這麼回答後，她露出了心滿意足的微笑，
然後硬是賴著她母親，買下這個鋪滿堅果的核桃塔。

製作方法>第84頁

34
巧克力塔

這是我到比利時旅遊時邂逅的巧克力塔。
這家巧克力店位於運河所包圍的小街上，
雖然是烤熟的巧克力塔，口感卻宛如生巧克力般綿滑。
這難以忘卻的味道，就在我的工作室裡把它重現吧！
一遍又一遍地試作，終於誕生了這道巧克力塔。

製作方法>第85頁

35
卡士達布丁

運用雞蛋本身的風味，就能夠做出如此令人懷念的味道。
對我來說，布丁是最適合與家人一同享用，永遠的家庭小點心。
雖然平凡無奇，卻是最能讓人感受到幸福的滋味。

製作方法>第68頁

36 巧克力布丁

只要在布丁裡加入巧克力，就能烤出如此薄脆的焦香表皮。
蘊藏在表皮下的是，口感洗練如慕斯般的布丁，
搭配微苦焦糖一起吃，兩種滋味出乎意料的絕配。
*製作方法>*第86頁

37 肉桂布丁

滲入牛奶中的肉桂香氣，極富東方的異國趣味。
遇上了甜甜的焦糖，滋味更加突出。
*製作方法>*第86頁

香草風味香蕉塔的製作方法

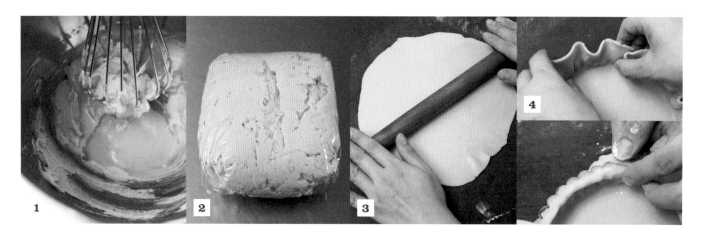

◆ 材料（直徑15 cm 的活動塔模／1個份）

【 塔皮麵團 】（2個份）	【 杏仁奶油霜 】
低筋麵粉 … 125 g	杏仁粉 … 50 g
無鹽奶油 … 55 g	無鹽奶油 … 45 g
黃砂糖粉 … 55 g	黃砂糖粉 … 40 g
蛋 … 1/2個（30 g）	蛋 … 2/3個（40 g）
手粉（高筋麵粉）… 適量	香草莢 … 1/3枝
	香蕉（去皮）… 100 g (1大條)

◆ 事前準備

- 所有的奶油及蛋退冰至常溫。
- 低筋麵粉過篩。

1 製作塔皮麵團。將軟化至常溫的奶油及黃砂糖粉放入調理盆中，用橡皮刮刀攪拌均勻。換上打蛋器並加入蛋液，以避免拌入空氣的方式輕輕混合均勻。
　＊如果拌入空氣，容易導致烘烤後破裂，請小心避免。

2 加入低筋麵粉，用橡皮刮刀由盆底向上剷起般的方式，粗略地拌合，最後整理成一個麵團。用保鮮膜將麵團包起來，放入冰箱冷藏室靜置一夜。

3 以刮板將麵團切成2等分，在工作台面撒上手粉後，用手將其中一個麵團揉捏成容易操作的硬度，再用

32

擀麵棍將麵團擀成直徑23cm的大小。將擀好的塔皮放在烤盤紙上,放入冷凍庫中冷卻5分鐘。

＊剩餘的麵團冷藏可保存3天,冷凍可保存10天,使用前放入冷藏室解凍。

4 將塔皮鋪入塔模中。用指尖確實地將塔皮貼合在模型底部,模型側面的部分保留比底部略厚的塔皮,多出來的塔皮用手指按壓切除,撒上手粉後將側面壓平。用叉子將底部塔皮均勻地戳出排氣孔,放入冷凍庫冷卻至少5分鐘。

5 烤箱預熱至170℃。製作杏仁奶油霜。在調理盆中放入軟化的奶油、黃砂糖粉、香草籽(縱切成兩半後,將內部的香草籽刮出來使用),用橡皮刮刀攪拌均勻。換上打蛋器,依序加入打散的蛋液(分成3

次)、杏仁粉,每次皆以避免拌入空氣的方式慢慢攪拌均勻,最後用橡皮刮刀擠壓出空氣。

＊此步驟可避免烘烤時,杏仁奶油霜過度膨脹。

6 將步驟5的杏仁奶油霜倒入步驟4的塔皮中,用橡皮刮刀抹平,在上面鋪滿1cm厚的香蕉片。以烤箱溫度170℃烘烤20分鐘,當邊緣出現烤色時,取下模具邊框,並在塔皮底部與模具底盤間插入刀子,繼續烘烤7～8分鐘。當按壓表面沒有凹陷(注意避免燙傷),中央也出現烤色時就可以出爐了。如果還未烤熟的話,請蓋上鋁箔紙再烘烤

＊稍微靜置冷卻至不燙手後,塔皮會變得香酥可口。宜冷藏保存。

卡士達布丁的製作方法

1 **3** **4**

◆ 材料（直徑7.5cm的布丁模型／6個份）

蛋 … 3個 　　　　　　　【焦糖漿】

蛋黃 … 1個 　　　　　　細白砂糖…40g

牛奶 … 320 ml 　　　　水…1小匙

鮮奶油 … 80 ml

黃砂糖粉 … 50g 　　　　◆ 事前準備

香草莢 … 1/4枝 　　　　・蛋及蛋黃退冰至常溫。

35

1 製作焦糖漿。將細白砂糖與水放入小鍋子，以中火加熱至整體變成黃色時，調整為小火再加熱至整體變成深黃色後熄火，糖漿的餘熱會持續作用，當顏色呈深茶色時，立刻將糖漿分別倒入模型中。將烤箱預熱至140℃。

2 將牛奶、鮮奶油、半量的黃砂糖粉，以及香草莢（縱切成兩半後，刮出香草籽使用，連同香草莢一併）放入鍋子裡，加熱至即將沸騰前熄火，靜置冷卻至接近體溫的微溫狀態。

3 將蛋、蛋黃以及剩餘的黃砂糖粉放入調理盆中，以打蛋器如向上撈起般的手勢攪拌均勻，以斷除濃蛋白的韌性。將冷卻後的步驟**2**一點一點地倒入，攪拌均勻後以網篩過濾。

4 倒入步驟**1**的模型中，放在烤盤上後放入烤箱。在烤盤內注入約50℃的熱水，熱水量儘可能逼近烤盤上緣，以烤箱溫度140℃烘烤50分鐘（期間如烤盤中的熱水減少需再補足）。當搖晃模型杯身，表面不劇烈晃動，整體凝固且富有彈性時，就可以出爐了。出爐靜置冷卻至不燙手後，移入冰箱冷藏2小時以上再食用。

＊宜冷藏保存。冰透了就可以吃了。

其他食譜
Other recipes

芝麻沙布雷

第8頁 壓模餅乾

◆ 材料（3.5×3.5cm 的正方型模／約50片份）

低筋麵粉 … 175g

無鹽奶油 … 50g

含鹽奶油 … 50g

黃砂糖粉 … 55g

蛋 … 1/2個（30g）

杏仁粉 … 40g

白芝麻 … 15g

黑芝麻 … 10g

手粉（高筋麵粉）… 適量

◆ 事前準備

• 奶油與蛋退冰至常溫。

• 芝麻放入平底鍋中，小火煎焙後以研缽磨碎。

• 低筋麵粉過篩。

1 將軟化後的奶油及黃砂糖粉放入調理盆中，以橡皮刮刀拌勻。換上打蛋器攪拌，依序加入蛋、杏仁粉、芝麻，每次都攪拌均勻後再加入下一種材料。

2 加入低筋麵粉後以橡皮刮刀粗略地拌合，整理成一個麵團。用保鮮膜將麵團包起來，放入冰箱冷藏室靜置一夜。

3 將麵團均分成3等分。在工作台面撒上手粉後，用手將麵團揉捏成容易操作的硬度，用擀麵棍將麵團各別擀成5～6mm厚（約15×15cm的大小）。將擀好的麵團放在烤盤紙上，放入冷凍庫中冷卻10分鐘。

4 烤箱預熱至170℃。用方形的模具在麵團上壓出餅乾外型，保持間距地排列在烤盤上，以烤箱溫度170℃烘烤12～15分鐘。

全麥餅乾

第9頁 壓模餅乾

◆ 材料（4.5×4.5cm 的正方形波浪模／約30片份）

全麥粉 … 150g　　　蛋 … 1個

低筋麵粉 … 50g　　　手粉（高筋麵粉）、細白砂糖 … 各適量

含鹽奶油 … 90g

黃砂糖粉 … 60g

◆ 事前準備

• 奶油與蛋退冰至常溫。

• 低筋麵粉過篩。

1 將軟化後的奶油及黃砂糖粉放入調理盆中，以橡皮刮刀拌勻。換上打蛋器攪拌，將打散的蛋分成2次加入，各別攪拌均勻。

2 加入粉類材料，以橡皮刮刀粗略地拌合，整合成一個麵團。用保鮮膜將麵團包起來，放入冰箱冷藏室靜置一夜。

3 將麵團均分成3等分。在工作台面撒上手粉後，用手將麵團揉捏成容易操作的硬度，用擀麵棍將麵團各別擀成6～7mm厚（約15×15cm的大小）。將擀好的麵團放在烤盤紙上，放入冷凍庫中冷卻10分鐘。

4 烤箱預熱至170℃。用方形的模具在麵團上壓出餅乾外型，保持間距地排列在烤盤上，用叉子截出排氣孔，每片餅乾表面都沾上一小撮細白砂糖，以烤箱溫度170℃烘烤20分鐘。

 江別製粉的「北海道產全麥粉（低筋）」。想要呈現點心的樸實風味時，我常會混合低筋麵粉來使用它。不僅滋味清爽不厚重，烘焙的口感也很好，全麥麩皮的獨特風味為此款麵粉的特徵。

第10頁 壓模餅乾

可可薑汁餅乾

◆ 材料（直徑5cm的菊型模／約25片份）

低筋麵粉 … 160g	黃砂糖粉 … 50g
可可粉 … 30g	薑汁 … 近1大匙
無鹽奶油 … 90g	手粉（高筋麵粉）… 適量

◆ 事前準備
• 奶油退冰至常溫。
• 低筋麵粉及可可粉混合後一起過篩。

1 將軟化後的奶油及黃砂糖粉放入調理盆中，以橡皮刮刀拌勻。換上打蛋器攪拌，薑汁分成2次加入，每次各別攪拌均勻。
2 加入粉類材料，以橡皮刮刀粗略地拌合，整理成一個麵團。用保鮮膜將麵團包起來，放入冰箱冷藏室靜置一夜。
3 將麵團均分成2等分。在工作台面撒上手粉後，用手將麵團揉捏成容易操作的硬度，用擀麵棍將麵團各別擀成5～6mm厚（約20X15cm的大小）。將擀好的麵團放在烤盤紙上，放入冷凍庫中冷卻10分鐘。
4 烤箱預熱至170℃。用模具在麵團上壓出餅乾外型，保持間距排列在烤盤上，用叉子戳出排氣孔，以烤箱溫度170℃烘烤15分鐘。

利用磨泥板把薑磨成薑泥後，由薑泥擠出薑汁來加入麵團。喜好薑味的人可以稍微增加薑汁用量，與可可粉搭配後，風味不同凡響。

第13頁 水滴餅乾

燕麥餅乾

◆ 材料（直徑9cm的餅乾／10片份）

低筋麵粉 … 60g	燕麥片 … 50g
無鹽奶油 … 85g	牛奶 … 3大匙
黃砂糖粉 … 45g	椰子粉 … 30g

◆ 事前準備
• 奶油退冰至常溫。
• 燕麥片與牛奶混合後，常溫浸泡15分鐘。
• 低筋麵粉過篩。
• 烤箱預熱至170℃。

1 將軟化後的奶油及黃砂糖粉放入調理盆中，以橡皮刮刀拌勻。換上打蛋器攪拌，依序加入燕麥片＋牛奶、椰子粉，每次都要攪拌均勻
2 加入低筋麵粉後，以橡皮刮刀拌合。
3 用湯匙取起麵糊，在烤盤上保留間距地放置麵糊，用橡皮刮刀將麵糊延展成直徑7.5cm的大小，以烤箱溫度170℃烘烤20～25分鐘。

有機的大粒燕麥片咬起來酥酥脆脆，口感絕佳。椰子粉為椰子果肉削下後乾燥、研磨成粉的產品。在此使用「Alishan」這個品牌的兩項產品，風味圓潤醇和，獨特的口感與味道能賦予點心特色。

07

第14頁 水滴餅乾

帕瑪森乳酪餅

◆ 材料（直徑5cm的餅乾／20片份）

低筋麵粉 … 180g	無鹽奶油 … 40g
紅甜椒粉 … 1/4小匙	黃砂糖粉 … 40g
肉豆蔻粉 … 少許（市售瓶輕撒2下）	蛋 … 1個
含鹽奶油 … 100g	帕瑪森乳酪 … 50g

◆ 事前準備
• 奶油與蛋退冰至常溫。
• 帕瑪森乳酪刨成細粉。
• 低筋麵粉與香料混合後一起過篩。
• 烤箱預熱至170℃。

1 將軟化後的奶油及黃砂糖粉放入調理盆中，以橡皮刮刀拌勻。換上打蛋器攪拌，依序加入帕瑪森乳酪粉、打散的蛋（分成2次），每次各別攪拌均勻。
2 加入粉類材料，以橡皮刮刀拌合。
3 用湯匙取起麵糊，在烤盤上保留間距地放置直徑約4cm大的麵糊，以烤箱溫度170℃烘烤10分鐘後，調降為160℃再烤10分鐘左右。

紅甜椒粉　肉豆蔻粉

平時多用於各種料理的紅甜椒粉與肉豆蔻粉，一旦加入滋味特殊的硬質乳酪點心後，或是加了蔬菜的點心後，食材原本強烈的氣味就會化為溫和而協調的風味。

09

第16頁 餅乾棒

煉乳餅乾棒

◆ 材料（長15cm的餅乾／約40根份）

| 低筋麵粉 … 160g |
| 泡打粉 … 1/2小匙 |

含鹽奶油 … 50g
加糖煉乳 … 90g
手粉（高筋麵粉）… 適量

◆ 事前準備
• 奶油切成1cm的塊狀，放入冰箱冷藏備用。

1 將粉類材料放入調理盆中，直接用手以畫圈的方式混合，加入冰冷的奶油塊，用指尖一邊搓揉，一邊捏碎奶油，將乾粉搓入奶油中。
2 當看不見明顯的奶油塊，所有材料變成乾爽的砂狀後加入煉乳，以橡皮刮刀粗略地拌合，整理成一個麵團，用保鮮膜包起來，放入冰箱冷藏室靜置一夜。
3 烤箱預熱至170℃。將手粉均勻地撒在麵團表面及工作台上預防沾黏。用刮板將麵團均分成每塊8g的大小後，以雙手搓成每條15cm長的棒狀，保留間距地排列在烤盤上，以170℃烘烤至麵團上色，約15～20分鐘。

雖然煉乳總給人一種「只能搭配水果吃」的刻板印象，一旦融入餅乾麵團後，那若有似無的甜度與奶香滋味，能讓餅乾變得更好吃。

第17頁 餅乾球

杏仁粗粒餅乾球

◆ 材料（直徑3cm的餅乾／約35個份）

低筋麵粉 … 70g
全麥粉 … 50g
含鹽奶油 … 70g
黃砂糖粉 … 55g
杏仁粉 … 70g
杏仁（整顆）… 35g

◆ 事前準備

• 杏仁以烤箱溫度150℃烘烤10分鐘，切成5mm大小的
  顆粒。
• 奶油退冰至常溫。
• 低筋麵粉過篩。
• 烤箱預熱至170℃。

1 將軟化後的奶油及黃砂糖粉放入調理盆中，以橡皮刮刀
  拌勻。換上打蛋器攪拌，加入杏仁粉，拌至看不見乾粉
  為止。
2 加入粉類材料，以橡皮刮刀粗略地拌合後，加入切碎的
  杏仁粗粒，大致攪拌均勻。
3 用刮板將麵團均分成每塊10g的大小，以手搓成每顆直
  徑3cm大小的球形。將整型完成的球形麵團，保留間距
  地排列在烤盤上，以170℃烘烤約15～17分鐘。

第19頁 冰箱餅乾

黑糖蜜沙布雷

◆ 材料（直徑4.5cm的餅乾／36片份）

低筋麵粉 … 230g　　　杏仁片（含皮更佳）… 50g
無鹽奶油 … 50g　　　手粉（高筋麵粉）、
含鹽奶油 … 50g　　　細白砂糖 … 各適量
黑糖蜜 … 120g
杏仁粉 … 25g

◆ 事前準備

• 杏仁片以烤箱溫度150℃烘烤至微微上色，約7分鐘。
• 奶油退冰至常溫。
• 低筋麵粉過篩。

1 將軟化奶油放入調理盆中，黑糖蜜分成3次加入，每次
  都以打蛋器攪拌均勻。加入杏仁粉，攪拌至看不見粉末
  為止。
2 加入低筋麵粉，以橡皮刮刀粗略地拌合，還殘有粉末時
  就加入杏仁片，大致攪拌均勻後，整理成一個麵團。用
  保鮮膜將麵團包起來，放入冰箱冷藏室靜置一夜。
3 將麵團均分成2等份，在撒了手粉的工作台上，把麵團揉
  捏至容易操作的硬度後，用雙手將麵團搓成直徑4cm×
  長18cm的棒狀，並在麵團外圍均勻沾上一層細白砂糖，
  用保鮮膜包起來，放入冷凍庫靜置至少1小時30分。
4 烤箱預熱至170℃。將麵團用刀子切成每片1cm厚，保
  留間距地排列在烤盤上，以170℃烘烤20分鐘。

第19頁 冰箱餅乾

抹茶大理石沙布雷

◆ 材料（直徑3cm的餅乾／30片份）

低筋麵粉 … 65g	黃砂糖粉 … 35g
低筋麵粉 … 25g	蛋 … 1/4個（15g）
抹茶粉 … 1大匙	杏仁粉 … 25g
無鹽奶油 … 50g	手粉（高筋麵粉）… 適量

◆ 事前準備

• 奶油和蛋退冰至常溫。
• 所有的低筋麵粉與抹茶粉各別過篩。

1 將軟化後的奶油及黃砂糖粉放入調理盆中，以橡皮刮刀拌勻。換上打蛋器攪拌，依序加入蛋、杏仁粉，每次各別攪拌均勻。

2 將步驟1的麵糊分成兩份，分別為80g及40g。80g的麵糊裡加入低筋麵粉65g，40g的麵糊裡加入低筋麵粉25g與抹茶粉，各別使用橡皮刮刀粗拌混合成團，用保鮮膜包起來，放入冷藏室靜置一夜。

3 在撒了手粉的工作台上，把麵團揉捏至容易操作的硬度，將抹茶口味的麵團輕輕揉入原味麵團（**a**•請注意如果混合太過均勻，將無法呈現雙色大理石紋路）。再將麵團均分成2等分，用雙手搓成兩份直徑3cm×長15cm的棒狀（**b**），用保鮮膜包起來，放入冷凍庫靜置至少1小時以上。

4 烤箱預熱至170℃。將麵團用刀子切成每片1cm厚，保留間距地排列在烤盤上，以170℃烘烤12～15分鐘。

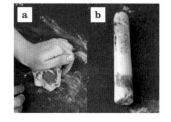

第22頁 擠花餅乾

巧克力夾心餅乾

◆ 材料（直徑2.5cm的餅乾／約35組份）

低筋麵粉 … 85g	黃砂糖粉 … 45g
可可粉 … 25g	牛奶 … 1大匙
無鹽奶油 … 70g	白巧克力 … 15g

◆ 事前準備

• 奶油退冰至常溫。
• 將黃砂糖粉加入牛奶中溶解。
• 低筋麵粉及可可粉混合後一起過篩。
• 烤箱預熱至170℃。

1 將軟化後的奶油放入調理盆中，加入黃砂糖粉＋牛奶後，以打蛋器攪拌均勻，加入粉類材料，用橡皮刮刀粗略地拌合。

2 將直徑1cm的圓形花嘴放入擠花袋中，在烤盤上保持間距地擠出每個直徑2cm的麵糊（**a**），以170℃烘烤8分鐘後，調降為160℃再烤10分鐘。

3 將白巧克力仔細切碎，以隔水加熱（底鍋水溫約60℃）的方式融化巧克力（**b**）。當餅乾冷卻後，將一半的餅乾翻面，用湯匙舀起融化的巧克力塗在餅乾平的那面，當巧克力表面乾燥微微凝固時，再黏上另一片餅乾，做成夾心餅乾。

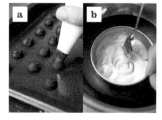

第24頁

咖啡義式脆餅

◆ 材料（長10～11cm 的餅乾／10片份）
| 低筋麵粉 … 70g
| 高筋麵粉 … 10g
| 泡打粉 … 3/4小匙
黃砂糖粉 … 85g
蛋 … 1個
杏仁粉 … 50g
咖啡豆（深焙）… 15g

◆ 事前準備
• 將咖啡豆放入夾鍊袋中，用擀麵棒將咖啡豆壓碎成2～3mm大小的顆粒（a）。
• 混合低筋麵粉、高筋麵粉及泡打粉一起過篩。
• 在烤盤上鋪設烤盤紙。
• 烤箱預熱至170℃。

1 將蛋、黃砂糖粉放入調理盆中，以手持式電動攪拌機的低速混合均勻後，切換為高速打發至看得見紋路為止。切換成中速攪拌，趕出蛋糊中的大氣泡，接著切換成低速使麵糊質地均勻。

2 加入杏仁粉後，以攪拌機低速混合，加入咖啡豆後，改以橡皮刮刀拌合。加入粉類材料，快速地拌合均勻。

3 將麵糊倒在烤盤紙上，以橡皮刮刀將麵糊整成20×9cm的半圓筒形，以烤箱溫度170℃烘烤15分鐘後，調降為160℃再烤10分鐘取出。稍微冷卻至不燙手後，切成每片2cm厚，直立排列在烤盤上，以150℃再烘烤20分鐘。

第24頁

開心果義式脆餅

◆ 材料（長10～11cm 的餅乾／10片份）
| 低筋麵粉 … 80g
| 泡打粉 … 3/4小匙
黃砂糖粉 … 80g
蛋 … 1個
杏仁粉 … 30g
開心果 … 60g

◆ 事前準備
• 開心果切碎（a• 也可使用食物調理機打碎）。
• 低筋麵粉及泡打粉混合後一起過篩。
• 在烤盤上鋪設烤盤紙。
• 烤箱預熱至170℃。

1 將蛋、黃砂糖粉放入調理盆中，以手持式電動攪拌機的低速混合均勻後，切換為高速打發至看得見紋路為止。切換成中速攪拌，趕出蛋糊中的大氣泡，接著切換成低速使麵糊質地均勻。

2 加入杏仁粉及切碎的開心果，以攪拌機低速混合。加入粉類材料，以橡皮刮刀快速而粗略地拌合均勻。

3 將麵糊放在烤盤紙上，以橡皮刮刀將麵糊整成20×9cm的半圓筒形，以烤箱溫度170℃烘烤20分鐘。稍微冷卻至不燙手後，切成每片2cm厚，直立排列在烤盤上，以150℃再烘烤15分鐘。

第37頁

生薑蜂蜜磅蛋糕

◆ 材料（21×8×6 cm 的磅蛋糕模型／1個份）

低筋麵粉 … 85 g	蛋…1½個
泡打粉 … 1½小匙	杏仁粉…40g
全麥粉 … 35 g	粗粒黃砂糖…10g
無鹽奶油 … 170 g	
黃砂糖粉 … 50 g	【蜜糖生薑】
蜂蜜 … 25 g	生薑…70g
	蜂蜜…60g

◆ 事前準備

• 奶油及蛋退冰至常溫。
• 低筋麵粉及泡打粉混合後一起過篩。
• 在模型內塗上薄薄的一層奶油（另外準備），鋪上烤盤紙。

1 製作蜜糖生薑。生薑削皮後切成5mm的塊狀，與蜂蜜一起放入小鍋子裡，以小火一邊攪拌一邊熬煮10分鐘（注意避免燒焦）後，靜置冷卻。烤箱預熱至170℃。

2 在調理盆中放入軟化的奶油、黃砂糖粉、蜂蜜，用橡皮刮刀攪拌成均勻的膏狀。換上打蛋器，攪拌至質地輕盈後，依序加入打散的蛋液（分成2次）、步驟1（含醬汁）、杏仁粉，每次各別攪拌均勻。加入粉類材料及全麥粉，用橡皮刮刀粗略地拌和。

3 在模型底部撒上粗粒黃砂糖，再從上方小心而緩慢地倒入麵糊，用橡皮刮刀將麵糊整成正中央下凹狀，兩端（模型的短邊端）微微高起，縱向劃入一條線。以烤箱溫度170℃烘烤15分鐘後，調降為160℃再烤30分鐘左右。

第37頁

南瓜磅蛋糕

◆ 材料（21×8×6 cm 的磅蛋糕模型／1個份）

低筋麵粉 … 115 g	蛋…2個
肉桂粉 … 1/4小匙	杏仁粉…30g
泡打粉 … 1小匙	南瓜（去除種子及內部纖
無鹽奶油 … 140 g	維）…200g（約1/8個）
黃砂糖粉 … 100 g	蘭姆酒…1小匙

◆ 事前準備

• 奶油及蛋退冰至常溫。
• 低筋麵粉、肉桂粉及泡打粉混合後一起過篩。
• 在模型內塗上薄薄的一層奶油（另外準備），鋪設烤盤紙。

1 帶皮南瓜切成2cm塊狀，蒸至竹籤可輕易穿過的硬度，約10分鐘。用叉子將南瓜壓碎，保留部分粗塊，加入蘭姆酒拌勻後靜置冷卻。烤箱預熱至170℃。

2 在調理盆中放入軟化的奶油、黃砂糖粉，用橡皮刮刀攪拌成均勻的膏狀。換上打蛋器，攪拌至質地輕盈後，依序將打散的蛋液（分成2次）、杏仁粉加入，每次各別攪拌均勻。

3 加入粉類材料後，以橡皮刮刀粗略地拌合，當麵糊中只看得到少許粉末時加入步驟1，仔細將麵糊攪拌均勻。

4 將麵糊倒入模具中，用橡皮刮刀將麵糊整成正中央下凹狀，兩端（模型的短邊端）微微高起，縱向劃入一條線。以烤箱溫度170℃烘烤20分鐘後，調降為160℃再烤25分鐘左右。趁熱用毛刷在蛋糕表面刷上2小匙蘭姆酒（另外準備）。

第38頁

莓果奶酥蛋糕

◆ 材料（直徑15cm的圓形模／1個份）
| 低筋麵粉 … 95g
| 泡打粉 … 3/4小匙
無鹽奶油 … 100g
黃砂糖粉 … 70g
蛋 … 1½個
杏仁粉 … 20g
新鮮藍莓等莓果類 … 120g

【奶酥】
低筋麵粉 … 35g
杏仁粉 … 20g
黃砂糖粉 … 20g
含鹽奶油 … 20g

◆ 事前準備
• 奶酥用的奶油切成1cm塊狀，放入冰箱冷藏。
• 蛋糕麵糊用的奶油及蛋退冰至常溫。
• 蛋糕麵糊用的低筋麵粉及泡打粉混合後一起過篩。
• 在模型內塗上薄薄的一層奶油（另外準備），鋪設烤盤紙。
• 烤箱預熱至170℃。

1 製作奶酥。將奶油以外的材料一起放入調理盆中，徒手以畫圈的方式攪拌均勻。接著將冰冷的奶油丁放入盆中，用手指一邊將奶油塊捏碎，一邊把乾粉搓入奶油中。當奶油顆粒感逐漸消失後，用手將粉末捏合，輕輕整理成團，用指尖以畫圈的方式將捏合的奶酥塊打成碎塊狀（**a**）。

2 在調理盆中放入軟化的奶油、黃砂糖粉，用橡皮刮刀攪拌成均勻的膏狀。換上打蛋器，攪拌至顏色變白且質地輕盈後，依序將打散的蛋液（分成2次）、杏仁粉加入，每次各別攪拌均勻。

3 加入粉類材料，以橡皮刮刀粗略地拌合，當麵糊中只看得到少許粉末時加入70g藍莓，仔細混合均勻。

4 將麵糊倒入模具中，用橡皮刮刀將麵糊整成表面平整，正中央微微下凹狀，依序在表面撒上剩下的莓果、奶酥，表面輕輕壓平。以烤箱溫度170℃烘烤20分鐘後，調降為160℃再烤25分鐘左右。

＊夏天時宜冷藏保存。

21

第40頁

罌粟籽蛋糕

◆ 材料（直徑15cm的圓形模／1個份）
低筋麵粉 … 110g
無鹽奶油 … 110g
黃砂糖粉 … 100g
蛋 … 2個
罌粟籽（藍色）… 40g

【 糖霜 】
糖粉 … 45g
蛋白 … 10g（約1/4個）
檸檬汁 … 1/4小匙

◆ 事前準備
• 蛋退冰至常溫。
• 奶油以隔水加熱的方式融化。
• 低筋麵粉過篩。
• 在模型內塗上薄薄的一層奶油（另外準備），鋪設烤盤紙。
• 烤箱預熱至170℃。

1 在調理盆中放入蛋、黃砂糖粉，以手持式電動攪拌機低速攪拌至糖溶解。以隔水加熱（底盆裝入約60℃的熱水）的方式，切成高速打發蛋液。當蛋液加熱至接近體溫（將手指放入測試，能感覺到微溫）時，從隔水加熱用的外鍋上移開，持續打發至麵糊產生明顯紋路為止。切換成中速攪拌，趕出麵糊中的大氣泡，最後切換成低速攪拌使麵糊質地均勻。加入融化的奶油及罌粟籽，以低速混合。

2 加入低筋麵粉，以橡皮刮刀粗拌均勻，並將麵糊倒入模具中，將模具提高約2～3cm高，在台面上輕摔數次以趕出麵糊中的大氣泡。以烤箱溫度170℃烘烤20分鐘後，再調降為160℃烤15分鐘左右。

3 製作糖霜。將糖粉及蛋白放入小的調理盆中，以橡皮刮刀徹底攪拌均勻，加入檸檬汁後，不斷攪拌至糖霜變濃稠為止（a）。蛋糕冷卻後，將製作好的糖霜塗在蛋糕表面，靜置使糖霜乾燥凝固。

＊糖霜太硬時可加入蛋白，太軟時可加入糖粉來作調整。

藍色的罌粟籽即blue poppy seed。
咀嚼時如同氣泡般霹靂啪啦的口感令人心情愉快，
不僅是撒在點心上的裝飾，
我更喜歡將它大量混合在蛋糕麵糊裡。

22

第42頁

杏桃酸奶油蛋糕

◆ 材料（15×15cm 的方形模／1個份）
| 低筋麵粉 … 90g
| 泡打粉 … 3/4小匙
無鹽奶油 … 130g
黃砂糖粉 … 90g
蛋 … 1½個
杏仁粉 … 45g
酸奶油（sour cream）… 40g

【 糖煮杏桃 】
杏桃乾 … 80g
黃砂糖粉 … 25g
檸檬汁 … 1小匙
水 … 50ml

◆ 事前準備
• 奶油及蛋退冰至常溫。
• 低筋麵粉及泡打粉混合後一起過篩。
• 在模型內塗上薄薄的一層奶油（另外準備），鋪設烤盤紙。

1 製作糖煮杏桃。將杏桃乾以外的材料放入鍋中煮開，加入杏桃乾，以小火熬煮5分鐘後，靜置2小時使其入味。將煮汁濾除後，把杏桃乾切成1.5cm的方形。烤箱預熱至170℃。

2 在調理盆中放入軟化的奶油、黃砂糖粉，用橡皮刮刀攪拌成均勻的膏狀。換上打蛋器，攪拌至顏色變白且質地輕盈後，依序將打散的蛋液（分成2次）、杏仁粉加入，每次各別攪拌均勻。

3 加入粉類材料，以橡皮刮刀粗略地拌合，當麵糊中只看得到少許粉末時加入步驟**1**的杏桃乾丁，仔細混合均勻。

4 一半份量的麵糊倒入模具中，以橡皮刮刀將麵糊表面整平，利用湯匙挖取酸奶油，在縱橫3×3的均等位置放9小塊酸奶油（**a**），再從上方一點一點倒入剩餘蛋糕麵糊，表面再次以橡皮刮刀整平。以烤箱溫度170℃烘烤15分鐘後，調降為160℃再烤20～23分鐘。

＊夏天時宜冷藏保存。

第43頁

核桃蛋糕

◆ 材料（15×15 cm 的方形模／1個份）

低筋麵粉 … 60 g	黃砂糖粉 … 90 g
泡打粉 … 1小匙	蛋 … 1½個
全麥粉 … 35 g	核桃 … 100 g
無鹽奶油 … 90 g	
含鹽奶油 … 40 g	

◆ 事前準備

• 核桃以烤箱溫度160℃烘烤6～7分鐘，稍微冷卻至不燙手後，一邊將核桃剝成小塊一邊剝去外皮，在篩網中濾掉核桃皮（**a**），取40g的核桃切碎成粉狀。
• 奶油及蛋退冰至常溫。
• 低筋麵粉及泡打粉混合後一起過篩。
• 在模型內塗上薄薄的一層奶油（另外準備），鋪設烤盤紙。
• 烤箱預熱至170℃。

1 在調理盆中放入軟化的奶油、黃砂糖粉，用橡皮刮刀攪拌成均勻的膏狀。換上打蛋器，攪拌至質地輕盈後，依序將打散的蛋液（分成2次）、切碎的40g核桃粉加入，每次各別攪拌均勻。

2 加入粉類材料與全麥粉後，以橡皮刮刀粗略地拌合，當麵糊中只看得到少許粉末時加入剩下的核桃，仔細混合均勻。

3 將麵糊倒入模具中，表面整平，以烤箱溫度170℃烘烤15分鐘後，調降為160℃再烤18～20分鐘。

第50頁

黑糖牛奶起司蛋糕

◆ 材料（21×8×6 cm 的磅蛋糕模／1個份）

奶油起司 … 360 g	牛奶 … 6大匙
黑糖（粉狀）… 55 g	低筋麵粉 … 15 g
蛋 … 1個	

◆ 事前準備

• 奶油起司和蛋退冰至常溫。
• 低筋麵粉過篩。
• 在模型內塗上薄薄的一層奶油（另外準備），鋪設烤盤紙。

1 在調理盆中放入軟化的奶油起司、黑糖粉，用橡皮刮刀攪拌成均勻的膏狀。換上打蛋器，攪拌至質地滑順。

2 依序加入打散的蛋（分成3次）、牛奶（一次一點）、低筋麵粉，每次各別以避免起泡的方式輕輕攪拌均勻。蓋上保鮮膜，常溫下靜置30分鐘。
＊夏天時置於冰箱冷藏20分鐘＋常溫10分鐘。

3 烤箱預熱至170℃。將麵糊倒入模具中，以烤箱溫度170℃烘烤25分鐘後，調降為160℃再烤15～18分鐘。稍微冷卻至不燙手後，將蛋糕從模具中取下，放入冰箱冷藏一晚。

這是沖繩·波照間島所產的黑糖，「八重山本黑糖」。
為粉末狀，兼具氣味濃醇、口味清爽的獨特風味。
在這個配方中刻意減量，作為提引牛奶風味而使用。

第51頁

舒芙蕾起司蛋糕

◆ 材料（直徑9.5×高5.5cm 的烤皿／4個份）
奶油起司 … 200g
酸奶油 … 30g
蛋黃 … 3個
細白砂糖 … 15g
低筋麵粉 … 15g
牛奶 … 80ml
| 蛋白 … 3個
| 細白砂糖 … 30g

◆ 事前準備
• 奶油起司、酸奶油、蛋黃、蛋白退冰至常溫。
• 低筋麵粉過篩。
• 在烤皿的底部及側面薄塗一層奶油，撒上細白砂糖（**a•**皆要另外準備）。

1 將蛋黃及細白砂糖放入調理盆中，用打蛋器攪拌至砂糖溶化為止。加入低筋麵粉攪拌至看不見乾粉為止。透過濾網一點一點加入即將沸騰的熱牛奶，每次都要攪拌均勻再加入。

2 將麵糊倒入鍋中，以中火加熱，一邊加熱一邊使用耐熱的軟刮刀攪拌1～2分鐘。當麵糊逐漸變稠後（**b**），熄火冷卻至不燙手。烤箱預熱至160℃。

3 將軟化的奶油起司及酸奶油放入調理盆中，以橡皮刮刀拌勻。換上打蛋加入步驟**2**，一邊混入空氣一邊以畫圈的方式攪拌。

4 在另一個調理盆中放入蛋白、半量的細白砂糖，先以手持式電動攪拌機的低速混合至砂糖溶解，再切成高速打

發。當蛋白體積不再增加時，加入剩餘細白砂糖的半量，當蛋白霜質地變硬後再加入最後剩餘的細白砂糖。徹底將蛋白霜打發至舉起檢視時，有立起的尖角為止。完成後將攪拌機切換為中速，趕出蛋白霜中的大氣泡，最後以低速整體攪拌使蛋白霜質地均勻（**c**）。

5 將半量的蛋白霜加入步驟**3**中，以橡皮刮刀快速而徹底地拌合，看不見白色紋路時再加入剩餘的蛋白霜，快速拌合均勻（**d**）。將混合好的麵糊倒至烤皿七分滿的位置，排列在烤盤上放入烤箱，將50℃的熱水倒入烤盤中，水位逼近烤盤最上緣。以烤箱溫度160℃烘烤50～55分鐘（隨時注意補足減少的熱水）。出爐前以竹籤戳刺蛋糕中央，如未殘留麵糊就是烤好了。一烤好就趁熱享用。

＊若是使用直徑7cmX高5cm的烤皿可以製作7～8個，烘烤時間為40～45分。
＊宜冷藏保存。

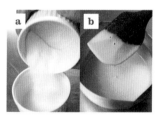
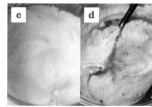

28

第52頁

加州梅辛香
生乳酪蛋糕

◆ 材料（70ml 的玻璃杯裝／4杯份）

奶油起司 … 120g　　　肉桂粉 … 1/4小匙

無糖優格 … 50g　　　丁香粉 … 少許

黃砂糖粉 … 15g

【糖煮加州梅】（容易製作的份量）＊

去籽加州梅乾 … 100g　　黃砂糖粉 … 10g

紅茶茶葉 … 3g　　　肉桂棒 … 1/2枝

熱水 … 100ml　　　丁香（整粒）… 2粒

＊剩餘的糖煮加州梅，可以加入
優格食用，也可以在製作磅蛋
糕時加入麵糊中。

◆ 事前準備

• 將熱水沖入紅茶茶葉浸泡，
3分鐘後濾出紅茶液，取70ml備用。

• 奶油起司退冰至常溫。

1 製作糖煮加州梅。將加州梅乾以外的材料放入鍋中加
熱，砂糖溶化後加入加州梅乾，以小火一邊攪拌一邊熬
煮2分鐘，熄火靜置至少3小時以上，使加州梅乾軟化
（a）。取50g備用。

2 在調理盆中放入軟化的奶油起司、黃砂糖粉、肉桂粉、
丁香粉，用橡皮刮刀攪拌使融合成均
勻的膏狀。換上打蛋器，攪拌至質地
滑順後加入優格，輕輕攪拌均勻。

3 將麵糊均等地倒入玻璃杯中，放入冰
箱冷藏3小時。將步驟1的加州梅切
碎後，平均放在蛋糕上即可。

a

第53頁

楓糖生乳酪酥塔

◆ 材料（直徑15cm 的活動塔模／1個份）

【塔皮麵團】（2個份）	【生乳酪餡】
低筋麵粉 … 125g	奶油起司 … 150g
無鹽奶油 … 55g	楓糖漿 … 25g
黃砂糖粉 … 55g	吉利丁粉 … 1/2小匙
蛋 … 1/2個（30g）	水 … 2小匙
手粉（高筋麵粉）… 適量	檸檬汁 … 1/4小匙
	鮮奶油 … 3大匙

◆ 事前準備

• 奶油、蛋、奶油起司退冰至常溫。

• 低筋麵粉過篩。

• 吉利丁粉撒入水中泡脹，放入冰箱冷藏備用（注意避免
損傷外觀）。

1 製作塔皮麵團。將室溫軟化的奶油及黃砂糖粉放入調理
盆中，用橡皮刮刀充分攪拌均勻。換上打蛋器並加入蛋
液，以避免拌入空氣的方式輕輕混合均勻，加入低筋麵
粉，用橡皮刮刀粗略地拌合，整理成一個麵團。用保鮮
膜將麵團包起來，放入冰箱冷藏室靜置一夜。

2 以刮板將麵團切成2等分，在工作台面撒上手粉後，用
手將其中一個麵團揉捏成容易操作的硬度，用擀麵棍將
麵團擀成直徑23cm的大小，再放在烤盤紙上，放入冷凍
庫中冷卻5分鐘。

＊剩餘的麵團冷藏可保存3天，冷凍可保存10天，使用前放入冷
藏室解凍。

3 將塔皮鋪入塔模型中。用指尖確實將塔皮貼合在模型底
部，用叉子將模型底部的塔皮均勻地戳出排氣孔，放入
冷凍庫冷卻至少5分鐘。烤箱預熱至170℃。

4 在步驟**3**的塔皮麵團鋪上裁剪好的直徑22cm烤盤紙後，滿滿地放上作為重石用的生紅豆粒（約350g），逼近模型最上緣為止（**a**）。以烤箱溫度170℃烘烤15分鐘。取下烤盤紙與重石，以及模型的外圈，在塔皮與底盤之間插入刀子，再以160℃續烤10分鐘。

5 製作生乳酪餡。將室溫軟化的奶油起司及楓糖漿放入調理盆中，用打蛋器攪拌均勻。

6 將泡脹的吉利丁以隔水加熱（底盆裝入60℃熱水）的方式融解，加入檸檬汁、少許步驟**5**的起司糖漿後，以橡皮刮刀混合均勻。接著一點一點倒回步驟**5**中，每次都以打蛋器攪拌均勻，最後加入鮮奶油拌勻。

7 將步驟**6**倒入步驟**4**的塔皮中，表面整平（**b**），放入冰箱冷藏2～3小時使其冷卻凝固。

第55頁

蘭姆葡萄布朗尼

◆ 材料（15×15cm 的方形模／1個份）

烘焙專用巧克力 … 90g	牛奶 … 2大匙
無鹽奶油 … 40g	蛋 … 1個
黃砂糖粉 … 30g	葡萄乾 … 25g
可可粉 … 20g	蘭姆酒 … 2大匙
┌ 低筋麵粉 … 25g	
└ 泡打粉 … 1/3小匙	

◆ 事前準備

• 葡萄乾洗淨後切成3～5mm的方形，放入蘭姆酒中常溫（夏天時冷藏）靜置一晚使其入味（**a**）。

• 奶油、牛奶、蛋退冰至常溫。

• 巧克力切碎。

• 低筋麵粉及泡打粉混合後一起過篩。

• 在模型內塗上薄薄的一層奶油（另外準備），鋪設烤盤紙。

• 烤箱預熱至160℃。

1 將巧克力、奶油、黃砂糖粉、可可粉放入調理盆中，以隔水加熱（底盆裝入約60℃熱水）的方式融解，用橡皮刮刀混合均勻。

2 換上打蛋器，依序加入牛奶、打散的蛋（分3次）、蘭姆葡萄，每次各別輕輕攪拌均勻。

3 加入粉類材料，用橡皮刮刀拌合，將麵糊倒入模具中，以烤箱溫度160℃烘烤20分鐘。

＊剛出爐時非常好吃。此外，出爐後2～3天，蘭姆酒的滋味會變得比較圓潤，此時的布朗尼也很美味。宜冷藏保存。

核桃塔

◆ 材料（直徑15cm的活動塔模／1個份）

【塔皮麵團】（2個份）　　【核桃餡】

低筋麵粉 … 125g　　　　核桃 … 125g

無鹽奶油 … 55g　　　　無鹽奶油 … 50g

黃砂糖粉 … 55g　　　　黃砂糖粉 … 45g

蛋 … 1/2個（30g）　　　蛋 … 2/3個（40g）

手粉（高筋麵粉）… 適量　低筋麵粉 … 10g

◆ 事前準備

• 核桃以烤箱溫度160℃烘烤6～7分鐘，當冷卻至不燙手時，一邊將核桃剝成小塊一邊剝去外皮，在篩網中濾掉核桃皮，取一半的核桃切碎成粉狀。

• 奶油及蛋退冰至室溫。

• 所有的低筋麵粉各別過篩。

33

1 製作塔皮麵團。將室溫軟化的奶油及黃砂糖粉放入調理盆中，用橡皮刮刀充分攪拌均勻。換上打蛋器並加入蛋液，以避免拌入空氣的方式輕輕混合均勻，加入低筋麵粉，以橡皮刮刀粗略拌合，整理成一個麵團。用保鮮膜將麵團包起來，放入冰箱冷藏室靜置一夜。

2 以刮板將麵團切成2等分，在工作台面撒上手粉後，用手將其中一個麵團揉捏成容易操作的硬度，用擀麵棍將麵團擀成直徑23cm的大小。將擀好的塔皮放在烤盤紙上，放入冷凍庫中冷卻5分鐘。

＊剩餘的麵團冷藏可保存3天，冷凍可保存10天，使用前放入冷藏室解凍。

3 將塔皮鋪入塔模型中。以指尖確實將塔皮貼合在模型底部，用叉子將模型底部的塔皮均勻地戳出排氣孔，放入冷凍庫冷卻至少5分鐘。

4 烤箱預熱至170℃。製作核桃餡。將室溫軟化的奶油及黃砂糖粉放入調理盆中，用橡皮刮刀充分攪拌均勻。換上打蛋器，依序加入蛋液（分3次）、切碎的核桃粉，每次各別攪拌均勻。加入低筋麵粉，用橡皮刮刀以按壓的方式一邊趕出大氣泡一邊混合均勻。

5 將核桃餡倒入步驟3的塔皮中，表面整平，放上剩餘的核桃塊（**a**），以烤箱溫度170℃烘烤20分鐘後，取下模型的外圈，並且在塔皮與底盤之間插入刀子，再烤5分鐘。

巧克力塔

◆ 材料（直徑15cm 的活動塔模／1個份）

【 塔皮麵團 】（2個份）　　【 巧克力餡 】

低筋麵粉 … 125g　　　　　烘焙專用巧克力 … 100g

無鹽奶油 … 55g　　　　　牛奶 … 75ml

黃砂糖粉 … 55g　　　　　鮮奶油 … 50ml

蛋 … 1/2個（30g）　　　蛋 … 3/4個（45g）

手粉（高筋麵粉）… 適量　　裝飾用可可粉 … 適量

◆ 事前準備

• 奶油及所有的蛋退冰至常溫。

• 巧克力切碎。

• 低筋麵粉過篩。

1 製作塔皮麵團。將室溫軟化的奶油及黃砂糖粉放入調理
　盆中，用橡皮刮刀充分攪拌均勻。換上打蛋器並加入蛋
　液，以避免拌入空氣的方式輕輕混合均勻，加入低筋麵
　粉，以橡皮刮刀粗略地拌合，整理成一個麵團。用保鮮
　膜將麵團包起來，放入冰箱冷藏室靜置一夜。

2 以刮板將麵團切成2等分，在工作台面撒上手粉後，用
　手將其中一個麵團揉捏成容易操作的硬度，用擀麵棍
　將麵團擀成直徑23cm的大小。將擀好的塔皮放在烤盤
　紙上，放入冷凍庫中冷卻5分鐘。

　＊剩餘的麵團冷藏可保存3天，冷凍可保存10天，使用前放入冷
　　藏室解凍。

3 將塔皮鋪入塔模型中。以指尖確實將塔皮貼合在模型底
　部，用叉子將模型底部的塔皮均勻地戳出排氣孔，放入
　冷凍庫冷卻至少5分鐘。烤箱預熱至170℃。

4 在步驟3的塔皮麵團鋪上裁剪好的直徑22cm烤盤紙
　後，滿滿地放上作為重石用的生紅豆粒（約350g），逼
　近模型最上緣為止（a）。以烤箱溫度170℃烘烤15分
　鐘。取下重石、烤盤紙，以及模型的外圈，在塔皮與底盤
　之間插入刀子，再以160℃續烤10分鐘。

5 烤箱持續預熱至160℃。製作巧克力餡。把牛奶及鮮奶
　油放入鍋中加熱至即將沸騰時，熄火加入巧克力，以打
　蛋器一邊攪拌一邊使巧克力溶化，冷卻至接近體溫的
　微溫狀態。

6 加入蛋液，以避免起泡的方式輕輕攪拌均勻，當步驟4
　的塔皮冷卻至不燙手時，將巧克力蛋奶液倒入（b）。以
　烤箱溫度160℃烘烤15分鐘，搖晃看看，若表面不會晃
　動就是烤好了。冷卻至不燙手後，放入冰箱冷藏約2小
　時使其冰涼，食用前用網篩將可可粉撒在表面裝飾。

　＊如果有多出來的巧克力餡，可以倒入小的烤皿中，和巧克力塔
　　一起放入烤箱烤5分鐘就很美味。

　＊宜冷藏保存。

第65頁

巧克力布丁

◆ 材料（19×11.5×5cm 的耐熱容器／1個份）

蛋 … 2個
蛋黃 … 1個
牛奶 … 300ml
鮮奶油 … 50ml
黃砂糖粉 … 15g
烘焙專用巧克力 … 75g

【焦糖漿】
細白砂糖 … 45g
水 … 1小匙
＊若使用直徑7.5cm的布丁杯可製作5個，烘烤溫度與時間不變。

◆ 事前準備

• 蛋及蛋黃退冰至常溫。
• 巧克力切碎。

1 參照「卡士達布丁」中的方法製作焦糖漿（第68頁），完成後儘快倒入模具中以免凝固。烤箱預熱至140℃。
   ＊這款布丁所使用的焦糖漿，做得稍苦一點比較好吃。

2 將牛奶、鮮奶油、黃砂糖粉一起放入鍋子裡，加熱至即將沸騰前熄火，放入巧克力一邊攪拌使巧克力溶化（難以溶解時可再次加熱），靜置冷卻至接近體溫的微溫狀態。

3 將蛋與蛋黃放入調理盆中，用打蛋器以能斷除濃蛋白韌性的手勢用力攪拌。將冷卻後的步驟2一點一點倒入，攪拌均勻後以網篩過濾。

4 倒入步驟1的模型中，放在烤盤上後放入烤箱。在烤盤內注入約50℃的熱水，熱水量儘可能逼近烤盤上緣，以烤箱溫度140℃烘烤50分鐘（期間如烤盤中的熱水減少需再補足）。出爐靜置冷卻至不燙手後，移入冰箱冷藏2小時以上再食用

第65頁

肉桂布丁

◆ 材料（19×11.5×5cm 的耐熱容器／1個份）＊

蛋 … 3個
牛奶 … 320ml
鮮奶油 … 80ml
黃砂糖粉 … 50g
肉桂棒 … 1½枝

【焦糖漿】
細白砂糖 … 40g
水 … 1小匙
＊若使用直徑7.5cm的布丁杯可製作5個，烘烤溫度與時間不變。

◆ 事前準備

• 蛋退冰至常溫。

1 參照「卡士達布丁」中的方法製作焦糖漿（第68頁），完成後儘快倒入模具中以免凝固。烤箱預熱至140℃。

2 將牛奶、鮮奶油、半量的黃砂糖粉、肉桂棒一起放入鍋子裡，加熱至即將沸騰熄火，靜置冷卻至接近體溫的微溫狀態。

3 將蛋及剩餘的黃砂糖粉放入調理盆中，用打蛋器以能斷除濃蛋白韌性的手勢用力攪拌。將冷卻後的步驟2一點一點倒入，攪拌均勻後以網篩過濾。

4 倒入步驟1的模型中，放在烤盤上後放入烤箱。在烤盤內注入約50℃的熱水，熱水量儘可能逼近烤盤上緣，以烤箱溫度140℃烘烤50分鐘（期間如烤盤中的熱水減少需再補足）。出爐靜置冷卻至不燙手後，移入冰箱冷藏2小時以上再食用。

製作不含粉類材料的點心時，
我習慣使用肉桂棒來調味。
一邊加熱牛奶及鮮奶油的同時，
肉桂香氣也徹底地滲入，能烤出充滿辛香風味的布丁。

關於材料

（＊編按…可至各大超市或烘焙材料行選購合適的材料。）

材料選擇是呈現點心完整風貌的重要一環。

正因如此，不做超過自己能力所及的準備，尤其選購基本材料更是無需強求，只要使用品質穩定且容易取得的材料，就能維持一定的好滋味。

低筋麵粉

江別製粉使用100%北海道產「Dolce」小麥製作。製作點心時不易受其他食材味道所干擾，能夠好好品嚐到小麥風味。由於口感相當適中，我幾乎什麼烘焙點心都會用上這款麵粉。

奶油（無鹽／含鹽）

明治乳業的無鹽與含鹽奶油。不過於搶味的低調風味，是我一直以來都喜歡使用的產品。對點心來說，鹽也是重要的風味來源，必要時我會混合著含鹽奶油使用，可以提引出副材料的滋味。

黃砂糖粉

日新製糖（咖啡杯商標）的黃砂糖粉。顆粒細緻，因為在製作麵糊、麵團時易於溶解，我的點心大多都帶著這種砂糖的風味。喜歡它溫和圓潤的味道，不僅如此，烤色也十分美麗。

蛋

位於群馬縣伊勢崎市所產的群馬雞蛋「生命之惠」，是我一直使用的蛋。由於用來餵養雞的飼料成分天然，所產的蛋也十分新鮮，能夠嚐到自然的甘甜。這裡所使用的是60g的大顆雞蛋（蛋黃20g、蛋白40g）。

全麥粉

江別製粉的「北海道產全麥粉（低筋）」。帶有樸實的風味，卻不會過於濃烈，也因為使用這款麵粉所做的餅乾酥鬆爽口，我個人非常喜愛。小麥麩皮酸味溫和圓潤，只要用在烘焙點心就會散發著淡淡的香氣。

杏仁粉

正榮食品的「純杏仁粉」。100%使用加州產杏仁製作，只要添加在點心裡，風味就會大幅提升。用於餅乾能夠增添香氣，用於奶油餅乾與塔皮則能表現出溫潤口感。

泡打粉

不含鋁的「愛國泡打粉」，是讓蛋糕膨脹起來不可或缺的重要角色。拆封後宜冷藏保存，保存過久的泡打粉可能會影響其膨脹效果，這點需要特別留意。

烘焙專用巧克力

「CACAO BARRY Ecellence調溫鈕扣巧克力」，可可成分含55%的甜巧克力。鈕扣型容易使用且風味佳，很適合製作重巧克力蛋糕這類的烘焙點心。

C'est bon 03

職人親授‧簡單烘焙！東京超人氣點心工房「dans la nature」獨家食譜美味公開

原書書名 … dans la natureの焼き菓子レッスン
原出版社 … 株式会社 主婦と生活社
作者 … 千葉奈津繪
翻譯 … 林軒帆
企劃選書 … 何宜珍
責任編輯 … 曾曉玲

版權部 … 翁靜如、吳亭儀
行銷業務 … 林彥伶、石一志
總編輯 … 何宜珍
總經理 … 彭之琬
發行人 … 何飛鵬
法律顧問 … 台英國際商務法律事務所　羅明通律師
出版 … 商周出版
臺北市中山區民生東路二段141號9樓
電話:(02) 2500-7008　傳真:(02) 2500-7759
E-mail:bwp.service@cite.com.tw
發行 … 英屬蓋曼群島商家庭傳媒股份有限公司城邦分公司
臺北市中山區民生東路二段141號2樓
讀者服務專線:0800-020-299　24小時傳真服務:(02)2517-0999
　　　　　讀者服務信箱E-mail:cs@cite.com.tw
劃撥帳號:19833503　戶名:英屬蓋曼群島商家庭傳媒股份有限公司城邦分公司
訂購服務 … 書虫股份有限公司客服專線:(02)2500-7718;2500-7719
　　　　　服務時間:週一至週五上午09:30-12:00;下午13:30-17:00
　　　　　24小時傳真專線:(02)2500-1990;2500-1991

劃撥帳號:19863813　戶名:書虫股份有限公司　E-mail:service@readingclub.com.tw
香港發行所 … 城邦(香港)出版集團有限公司
　　　　　香港灣仔駱克道193號東超商業中心1樓
　　　　　電話:(852) 2508 6231傳真:(852) 2578 9337
馬新發行所 … 城邦(馬新)出版集團
　　　　　Cité (M) Sdn. Bhd. (458372U)
　　　　　11, Jalan 30D/146, Desa Tasik, Sungai Besi,
　　　　　57000 Kuala Lumpur, Malaysia.
　　　　　電話:603-90563833　傳真:603-90562833
行政院新聞局北市業字第913號

美術設計 … Copy
印刷 … 卡樂彩色製版印刷有限公司
總經銷 … 高見文化行銷股份有限公司　電話:(02)2668-9005　傳真:(02)2668-9790

2015年(民104)7月28日初版　Printed in Taiwan　定價300元　著作權所有‧翻印必究
2018年(民107)7月9日初版3刷
商周部落格:http://bwp25007008.pixnet.net/blog　ISBN 978-986-272-841-3

dans la nature NO YAKIGASHI LESSON by Natsue Chiba
Copyright © 2013 Natsue Chiba
All rights reserved.
Original Japanese edition published in 2013 by SHUFU TO SEIKATSU SHA Ltd.
Complex Chinese Character translation rights arranged with SHUFU TO SEIKATSU SHA Ltd.
through Owls Agency Inc., Tokyo.
Complex Chinese edition copyright © 2015 by Business Weekly Publications, a
Division of Cité Publishing Ltd.

國家圖書館出版品預行編目資料

職人親授‧簡單烘焙！東京超人氣點心工房「dans la nature」獨家食譜美味公開
千葉奈津繪 著; 林軒帆 譯.-- 初版. --臺北市:商周出版:家庭傳媒城邦分公司發行,
2015.07〔民104〕　面:公分.
譯自:dans la natureの焼き菓子レッスン
ISBN 978-986-272-841-3(平裝)
1.點心食譜
427.16　104011241